国家出版基金项目
NATIONAL PUBLICATION FOUNDATION

记住乡愁

——留给孩子们的中国民俗文化

刘魁立◎主编

第八辑 传统营造辑

藏族碉房

李晶晶◎编著

本辑主编 刘 托

黑龙江少年儿童出版社

序

亲爱的小读者们，身为中国人，你们了解中华民族的民俗文化吗？如果有所了解的话，你们又了解多少呢？

或许，你们认为熟知那些过去的事情是大人们的事，我们小孩儿不容易弄懂，也没必要弄懂那些事情。

其实，传统民俗文化的内涵极为丰富，它既不神秘也不深奥，与每个人的关系十分密切，它随时随地围绕在我们身边，贯穿于整个人生的每一天。

中华民族有很多传统节日，每逢节日都有一些传统民俗文化活动，比如端午节吃粽子，听大人们讲屈原为国为民愤投汨罗江的故事；八月中秋望着圆圆的明月，遐想嫦娥奔月、吴刚伐桂的传说，等等。

我国是一个统一的多民族国家，有56个民族，每个民族都有丰富多彩的文化和风俗习惯，这些不同民族的民俗文化共同构筑了中国民俗文化。或许你们听说过藏族长篇史诗《格萨尔王传》

中格萨尔王的英雄气概、蒙古族智慧的化身——巴拉根仓的机智与诙谐、维吾尔族世界闻名的智者——阿凡提的睿智与幽默、壮族歌仙刘三姐的聪慧机敏与歌如泉涌……如果这些你们都有所了解，那就说明你们已经走进了中华民族传统民俗文化的王国。

你们也许看过京剧、木偶戏、皮影戏，看过踩高跷、耍龙灯，欣赏过威风锣鼓，这些都是我们中华民族为世界贡献的艺术珍品。你们或许也欣赏过中国古琴演奏，那是中华文化中的瑰宝。1977年9月5日美国发射的"旅行者1号"探测器上所载的向外太空传达人类声音的金光盘上面，就录制了我国古琴大师管平湖演奏的中国古琴名曲——《流水》。

北京天安门东西两侧设有太庙和社稷坛，那是旧时皇帝举行仪式祭祀祖先和祭祀谷神及土地的地方。另外，在北京城的南北东西四个方位建有天坛、地坛、日坛和月坛，这些地方曾经是皇帝率领百官祭拜天、地、日、月的神圣场所。这些仪式活动说明，我们中国人自古就认为自己是自然的组成部分，因而崇信自然、融入自然，与自然和谐相处。

如今民间仍保存的奉祀关公和妈祖的习俗，则体现了中国人崇尚仁义礼智信、进行自我道德教育的意愿，表达了祈望平安顺达和扶危救困的诉求。

小读者们，你们养过蚕宝宝吗？原产于中国的蚕，真称得上伟大的小生物。蚕宝宝的一生从芝麻粒儿大小的蚕卵算起，中间经历蚁蚕、蚕宝宝、结茧吐丝等过程，到破茧成蛾结束，总共四十余天，却能为我们贡献约一千米长的蚕丝。我国历史悠久的养蚕、丝绸织绣技术自西汉"丝绸之路"诞生那天起就成为东方文明的传播者和象征，为促进人类文明的发展做出了不可磨灭的贡献！

小读者们，你们到过烧造瓷器的窑口，见过工匠师傅们拉坯、上釉、烧窑吗？中国是瓷器的故乡，我们的陶瓷技艺同样为人类文明的发展做出了巨大贡献！中国的英文国名"China"，就是由英文"china"（瓷器）一词转义而来的。

中国的历法、二十四节气、珠算、中医知识体系，都是中华民族传统文化宝库中的珍品。

让我们深感骄傲的中国传统民俗文化博大精深、丰富多彩，课本中的内容是难以囊括的。每向这个领域多迈进一步，你们对历史的认知、对人生的感悟、对生活的热爱与奋斗就会更进一分。

作为中国人，无论你身在何处，那与生俱来的充满民族文化DNA的血液将伴随你的一生，乡音难改，乡情难忘，乡愁恒久。这是你的根，这是你的魂，这种民族文化的传统体现在你身上，是你身份的标识，也是我们作为中国人彼此认同的依据，它作为一种凝聚的力量，把我们整个中华民族大家庭紧紧地联系在一起。

《记住乡愁——留给孩子们的中国民俗文化》丛书，为小读者们全面介绍了传统民俗文化的丰富内容：包括民间史诗传说故事、传统民间节日、民间信仰、礼仪习俗、民间游戏、中国古代建筑技艺、民间手工艺……

各辑的主编、各册的作者，都是相关领域的专家。他们以适合儿童的文笔，选配大量图片，简约精当地介绍每一个专题，希望小读者们读来兴趣盎然、收获颇丰。

在你们阅读的过程中，也许你们的长辈会向你们说起他们曾经的往事，讲讲他们的"乡愁"。那时，你们也许会觉得生活充满了意趣。希望这套丛书能使你们更加珍爱中国的传统民俗文化，让你们为生为中国人而自豪，长大后为中华民族的伟大复兴做出自己的贡献！

亲爱的小读者们，祝你们健康快乐！

二〇一七年十二月

目 录

神秘的藏族碉房

| 神秘的藏族碉房 |

在有着"世界屋脊"之称的青藏高原上，生活着一个古老而神秘的民族——藏族。特殊的地理位置，独特的自然环境、社会文化等形成了藏族人独具特色的民居建筑，其中以碉房最具代表性。由于宗教信仰融入了人们生活的方方面面，为碉房蒙上了一层神秘的面纱。下面就让我们一起来认识一下这神秘的藏族碉房吧！

"碉房"的由来

走进青藏高原，随处可见一座座像碉堡一样的房子——碉房。碉房的外墙用石块堆砌而成，通常有二三层，底层最大，往上逐渐收缩，整体造型呈梯形。碉房的窗户比较小，屋顶是平的，上面飞舞着鲜艳的五色经幡。碉房造型厚重，给人一种封闭、稳固的感觉，其粗犷的质感与青藏高原辽阔的气势相得益彰。一幢幢错落

| 藏族碉房鸟瞰图 |

| 江孜藏寨 |

| 丹巴甲居藏寨 |

| 川西藏寨 |

有致的石碉房和五色经幡在蓝天白云的映衬下显得格外壮观。我国西部藏羌聚居区在历史上战争频繁，因此，碉房这种形似堡垒、防御性很强的建筑便成了当地人的居所。

碉房在汉代称为"邛笼"，是古羌族"房屋"一词的记音，隋唐以后多称为"碉"。乾隆时期的《西藏志》中对碉房有这样的记载："房皆平顶，砌石为之，上覆以土石，名曰碉房。有二三层至六七层者。凡稍大房屋，中堂必雕刻彩画；装饰堂外，壁上必绘一寿星图像。凡乡居之民，多傍山坡而住。"这段文字中对碉房的描述和今天西藏地区的碉房样式大同小异。

其实，碉房悠久的历史

| 军事堡垒 |

| 藏族碉房建筑群模型 |

可以追溯到五千年前。在昌都卡诺发掘的新石器时期文化遗址中，考古专家发现原始的地面建筑就是传统碉房的前身。尤其是卡诺文化遗址晚期的建筑，有着方形的建筑平面，石砌的墙体、平屋顶，底层空间低矮，上下层通过独木梯相连，具有鲜明的碉房特征。

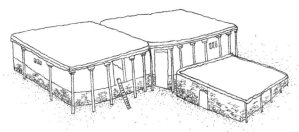

| 昌都卡诺文化遗址中的建筑 |

碉房的布局

藏族碉房的平面一般都是方形的，普通的碉房通常为二三层，而贵族府邸有五六层之多。碉房的每一层都有不同的功能和布局。

|底层平面图|

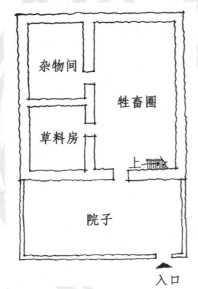

|藏族碉房手绘图|

碉房的底层一般不住人，主要是牲畜圈、草料房或杂物间。因此，底层的层高比较低矮，墙上大多不开窗，只在靠近楼层的地方开几个外小里大的通气孔。底层的正面有一个可供出入的门，如果要去杂物间或者从杂物间出来上楼，那么必须要穿过牲畜圈，这种布局是不是很特别呢？

第二层是主要生活空间，一般中间较大的房间作为主室，是日常生活起居的综合性房间。第二层融合了卧室、餐厅、厨房和客厅的所有功能，睡觉、做饭、待客、提取酥油、磨制糌粑等活动都在这里进行。与汉族人的居室不同，主室中最显眼的位置不是昂贵的名人字画，也不是全家福，而是精致、华美的佛龛，以供日常祈福、祷告。主室的左侧有两个小房间，用来做储藏室和卧室。楼梯间在主室右边的靠墙处。你可别小看这间主室，它非常宽敞。家里有红、白事时，主人的亲朋好友及乡邻都要来道喜或吊唁，主室

能够容纳一百多人在房内活动，其中的奥秘，会在后面的介绍中揭晓。

第三层（顶层）通常布置经堂，因为在藏族人的观念中，顶层是最整洁、安静的，适合进行佛事活动。经堂为神圣之地，装修精美，一般不允许外人进入，两侧的房间或作为喇嘛的卧室或成为堆放粮食的敞间。这层的房屋统一后移，退让出一块空地，使二层的屋顶变成晒坝。晒坝对于身处山地的

| 第二层平面图 |

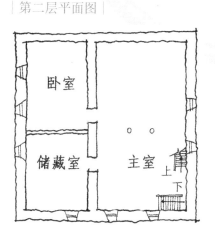

| 第三层平面图 |

藏族人来说，是一块难得的平地，这是他们生产、生活的重要空间。

说起晒坝的用途，那可真是不少！平日里小孩子们在这里追逐嬉戏，大人们在这里晒太阳，十分惬意。由于没有临近房屋遮挡，晒坝上阳光充足，又成为人们打

晒粮食、晾晒衣物的理想场所。聪明的藏族人还在屋顶的挡风墙上开设了风门，用于簸扬粮食。平日里风门都是关闭的，用时才会开启，非常方便。藏族人这种借助自然之力，解决生产问题的方法，令人不得不佩服啊！

碉房内部各楼层之间通过一种自制的独木梯相连。这种独木梯是在一根圆木上等距地掏出一个个可供踩踏的脚窝形成的。独木梯的坡度很陡，既节省空间，又可防止牲畜上楼，而且便于移动，非常适合碉房的内部空间。

| 碉房的独木梯 |

这样的厕所你敢使用吗？

碉房的厕所设计得非常特别，是用木板搭建而成，且悬挑于楼层外的挑厕。通常二层以上才设厕所，厕位

与粪坑上下分离，上层与下层的蹲位彼此错开，使粪便直接落入粪坑。厕位以下不砌墙体，便于利用高原的强

|碉房的挑厕|

紫外线杀菌。粪坑都在室外，与其相邻的外墙很少开窗，因而对室内没有影响。由于高原的气候干燥、寒冷，即使是在室外也闻不到刺鼻的恶臭。如此方便又卫生的挑厕，充分地体现了藏族人的智慧。

|挑厕和挑廊|

碉房与碉楼傻傻分不清楚

在碉房中，有一种体量最大、最古老的形制——碉楼，又称为"高碉"。由于名称相似，常常有人将二者混淆。碉房是具有防御功能的住宅，而高碉是一种具有防御性的军事建筑，它们之间的差别可大着呢。

碉楼一般由天然的石块堆砌而成，建筑外形由底部向上逐渐内收，墙面平整、棱角分明，有三角、四角、五角、六角、八角、十一角等，其中四角碉楼最为常见，五角碉楼和十三角碉楼较为罕见。碉楼内部有木质楼板和楼梯，层数从七层到十多层都有，高度一般由十几米至四十米不等，最高的可达七十米。碉楼的主要功能是军事防御，因此，每层都有供瞭望、射击的小孔，高层还开有投掷巨石的大窗。矮小的碉门用厚实的木料做成，设在距离地面三米高的位置，可由一个独木梯进入。遇到敌袭时，便将独木梯撤入碉楼内，快速关闭碉门，从小孔射箭，由大窗投石，易守难攻。碉房与碉楼虽然名称相似，但功能却大相径庭，你可不要再搞错了啊！

| 高碉 |

揭开碉房神秘的面纱

| 揭开碉房神秘的面纱 |

碉房结构严密、坚实稳固，既有利于防风避寒，又便于御敌防盗，是藏族人为适应青藏高原的气候环境，满足自己的生存需求而建造出来的，是他们长期的生产、生活经验的总结和智慧的结晶。与其他地区、民族的民居相比，藏族碉房有哪些独特之处呢？接下来就让我们一起来揭开藏族碉房神秘的面纱吧！

神圣的柱子

大多数碉房采用的是墙体和柱子共同承重的结构体系：墙体用石块或生土筑成，房间内部设置木柱，梁担在外墙和内柱上，梁的上面再铺设椽子，以承托屋顶。

碉房的柱子通常是方形的，收分明显，和碉房的梯形外观相呼应。柱头上安置托木，左右两梁顺着托木的方向放置其上，接头正对柱心。托木有两层，上面的较长，称为"长弓"；下面的略短，叫作"短弓"。据说

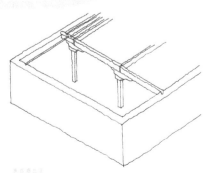

| 承重结构
示意图 |

托木象征着弓，而柱子象征着箭，这样的构造与藏族先民对弓箭的崇拜有关。这种独特的梁、柱连接方式是藏式建筑的一大特色。

柱子在藏族传统建筑中具有非常重要的作用，它不仅是重要的承重载体，也是建造的规模数和度量的手段。也就是说，藏族人的房间面积是按柱子的数量确定的，例如"一柱"指的是房间中只有一根柱子，俗称"一把伞"；"两柱"就是室内有两根柱子，以此类推。

此外，柱子的重要性还体现在藏族人的传统观念中。他们认为房中的柱子像家里的父亲一样重要，藏族的民间谚语中也常把柱子比作父亲。因此，柱子便成了房间中重要的装饰部位。人们通常将柱身粉刷成红色，并在上面描绘吉祥的图案，有的柱子还用金粉描绘。与柱子相连的托木也被精心地雕刻

| 装饰性极强的柱子 |

成祥云或者花卉的形状，并施以彩绘。如果你去藏族人家做客，一定会被那极具装饰性的柱子吸引的！

倾斜的外墙

建造碉房通常就地取材，墙体大多用石块砌筑，而在石材并不丰富的地区则采用生土夯筑，或者下部用石块垒砌，上部用土坯。墙体随着高度的增加逐渐向内收，但内壁始终保持垂直。这种梯形结构，有效地减轻了墙体上部的重量，使墙体的重心下移，这样碉房不但不容易倒塌，反而可以在地震来临之时更好地保持稳定。

外墙在砌筑时，也是有讲究的。为了抵御高原寒冷的气候，碉房的外墙都做得非常厚实，最厚的能达到一米。用生土夯筑的外墙，为了防止雨水的冲刷和风暴的侵蚀，还要在表面涂抹一层黄泥作为保护。当黄泥半干时，人们用五指的指尖在墙面上划出一道道波浪纹，这样雨水便会顺着凹槽流走，减小了雨水冲刷的力度，同时也成为一种装饰，使外墙有了一种古拙、自然的美感。

倾斜的外墙

外墙上的波浪形凹槽

外墙颜色的学问

无论是石墙还是土墙，藏族人都会对其进行粉刷。而且每年藏历十月到十一月中旬，他们还会选择一个吉日重新粉刷。颜色在藏族建筑中的应用是很有讲究的。碉房的外墙通常被粉刷成白色，这是因为白色在藏族的传统观念中代表着平安、和谐和善良，除了建筑，日用品中也常常使用白色。

这里如此崇尚白色，与藏族先民游牧的生活方式有关。奶、酪、酥油这些藏族先民赖以生存的食物都是白色的，它们也常常作为供品，被称为"白色三祭品"。随着藏族人的生活方式变为农耕生活，"白色三祭品"被逐步运用于建筑装饰中。起初是将乳汁与水混合后对墙体进行"白色"装饰，但后来逐渐被涂料代替了。也有些地区不做整体粉刷，而是用白色画出各种吉祥图案装饰墙体。

| 用白色涂饰的碉房外墙 |

高贵的边玛墙

"边玛"就是人们熟知的红柳，它是生长在藏区的一种灌木。边玛墙的基本做法是将红柳的枝条折断后扎成小捆，然后将其根部置于一种暗红色的液体中染色。晾干后，根部朝外一捆捆紧密地排列在墙头，并在中间位置垂直向下插入一根长木棍。这样做一方面是为了将多层边玛串联起来，另一方面也可以将它们固定在墙体上。最后，再用木槌将边玛表面拍打平整。暗红色的边玛墙呈带状分布在寺庙、活佛府邸、贵族宅院等高等级建筑的墙体顶部，其毛茸茸的质感与粗犷的石墙形成了鲜明的对比，有很好的装饰效果。

关于边玛墙的由来有一个有趣的传说。起初藏族先民将捡来的柴火晾晒在房檐上，既防止小偷登上屋顶，又能保护屋檐不受雨水的冲刷，后来这种形式逐渐演变成房屋的一种装饰。将柴火染成红色，同样具有丰富的文化内涵，因为红色在藏族文化中代表着凶猛、彪悍，也有辟邪纳吉的含义。藏族先民自古就有"赭面"的习俗，并自称为"红脸藏人"。在原始祭祀中，人们常常用牲畜血涂饰神庙的外墙，称为"血祭"，后来牲畜血被赤铁矿取代并运用于建筑装饰之中。

|边玛墙|

|扎成小捆的
边玛|

|染缸|

|晾晒好的边玛|

如果你认为边玛墙只是一种装饰，那就大错特错了！相对于石墙和土墙，边玛墙重量较轻，可以使墙体的重心降低，有利于抵御地震的袭击。树枝之间的空隙还可以储存空气，形成空气层，因而边玛墙保温、隔热的效果很好，可以有效地应对高原寒冷的气候。所以在藏族人的心中，边玛可是一种不可或缺的建筑材料啊！

变废为宝的牛粪墙

大多数人都认为牛粪是又臭又脏的垃圾，可是在藏族人的心中，牛粪却是宝贝！藏族有句谚语："一块黑牛粪，一朵金蘑菇。"牛粪不仅是生产中的肥料，生活中的燃料，民俗活动中的吉祥物，还是一种独特的建筑材料！

藏族人把牛粪当成宝贝是因为藏区的海拔较高，树木稀少，低燃点的牛粪便成了藏族人常用的主要燃料。人们平时依靠它生火做饭，寒冷季节靠它取暖，如果没有它，藏族人的基本生活就无法保障。牦牛粪的主要成分是草，燃烧时冒出的浅蓝色烟雾，不但没有臭味，反而有一种淡淡的清香。难怪有人说"牛粪上烤馍馍更甜，牛粪上熬茶茶更香"。

在藏区，人们看到路边的牛粪便会立刻开心地捡起来，当作宝贝一样捧回家，用酒水软化后，掺入麦草，做成牛粪饼。妇女们一边做牛粪饼，一边哼唱着古老的

歌谣:

牛粪,牛粪,
宝贵的牛粪。
你比金子还贵重,
你把自己燃烧尽,
变成了温暖和光明。

| 在墙上晾晒牛粪饼 |

| 牛粪砖搭建的围墙和狗窝 |

做好的牛粪饼打在自家房院的墙壁上晒干,不仅保护了墙面,还提高了房屋的保温性,贴满牛粪饼的墙面成了西藏地区一道独特的风景线。牛粪还可以加工成牛粪砖,用来搭建房舍、围墙和牛羊圈,不仅节省了建筑材料,还降低了施工的难度。

牛粪砖重量较轻,可以有效地减弱地震的冲击。位于西藏的拉加里宫殿建筑群中的新宫——甘丹拉孜的第三层建有四个小仓库,分别用于储存皮毛、药材等贵重物品以及酥油、青稞等食物。该层所有的隔墙全部采用牛粪砖砌筑,以减轻顶部的重量。更有意思的是,白朗、江孜等地区的人们还喜欢用牛粪做屋檐的装饰。他们在墙头放一层被称为"搭嘎玛"

的又圆又薄的大块牛粪饼，形成了独特的建筑面貌，别有一番风味。

藏族先民将牛粪变废为宝，不仅解决了燃料问题，给当地人的生活带来便利，还节约了木材，保护了藏区的生态环境，是一种非常经济、环保的方法。藏族人这种对大自然无比尊重的精神是多么值得我们深思和学习啊！

碉房外观的另外一个显著特征是屋顶飘扬着五色经幡。房屋建好后，通常在屋顶的西北角和东北角砌筑一个约一米高、半米宽的夯土台子，然后插上挂着五色经幡的经杆或树枝。五色经幡由蓝、白、红、黄和绿五种颜色组成，分别象征着蓝天、白云、红火、黄土和绿水，藏传佛教赋予这五种颜色五

江孜民居上的"搭嘎玛"

晾晒好的牛粪饼

种智慧。

每一块幡布的中间都画有一匹风马，周围用藏文写满了祈福、驱邪的经文，寓意风马将经文传播到世界各

处，所以五色经幡又被称为风马旗。风马旗靠风力吹动，每吹拂一次相当于主人念诵了一遍经文，积累了一次功德。相传风马旗起源于藏族祖先祭祀山神的仪式，人们认为山神乘着风巡视雪域高原，保护着藏族人的安宁，于是便向山神献上"风马"作为坐骑，以感谢山神的保佑。因此，在山口、山顶等处我们也经常可以看到飞舞的风马旗。

凸起的经幡座打破了碉房平屋顶带来的单调感，随风飘扬的五色经幡在蓝天白云的映衬下为碉房增添了一笔靓丽的色彩和一种神秘的氛围。有的人家还将经幡座做成白色的宝瓶状，兼具煨桑的功能。煨桑是藏族人通过焚烧松柏枝以祭祀天地诸神的仪式。具体操作是在桑炉内装入松柏枝，以及艾蒿、石楠等香草叶，中间放上糌粑，再撒上一些清水后点燃。佛经上说，神灵不食人间烟火，闻到桑烟的香味便宛如

| 风马旗 |

| 煨桑 |

赴宴。因此，虔诚的藏族人每日晨起的第一件事就是煨桑，而且一天之内要多次煨桑，重要节日和重大活动更不用说。可以说，煨桑已经由宗教仪式变成了藏族人的生活习惯。在藏地行走时，常常看到居民区屋顶上袅袅升起的青烟，闻到阵阵沁人心脾的香气。

藏族木门人家

"藏族木门人家"是藏族民间的一句谚语，说明木制的大门是藏族民居的一个重要标志。碉房的大门有单扇、双扇两种，也是装饰的重点部位，从门楣到门槛都要经过细致的装饰。

碉房的门板一般涂成红色或黑色，上面绘有牛头、日月等吉祥图案。门楣彩绘经文和宗教图案，上方由两三层木椽层层挑出一个短小的屋檐，屋檐上面覆盖着片石和生土，既增加了大门的进深感和层次感，又可以对门板起一定的保护作用。门框上通常有两层向外突出的木雕装饰，一层是莲瓣纹，代表着佛祖；一层是蜂窝枋，因形似蜂窝而得名，象征着层层叠放的经书。

在与汉、羌、回、彝、纳西等民族接壤的藏族地

门框上的莲瓣纹和蜂窝枋

| 莲瓣纹和蜂窝枋的特写 |

| 与汉族接壤地区的藏族木门借鉴了汉族的木雕纹样 |

区，大门的装饰也借鉴了其他民族的一些做法，体现了在长期的交往中，各民族文化的相互融合。

窗子多不亮

在藏族人的传统观念中，建筑的正面犹如人的脸面，而窗户相当于建筑的眼睛。青藏高原地区寒冷多风，为了保暖，窗户一般都不大，并且只开在向阳的一面（有时为了风干生肉、羊油也开西北窗）。藏地自古战争频繁，出于防御的考虑，窗子多为高窗，做成外小内大的斗状。因此，碉房内的采光并不好，当地人戏称"窗子多不亮"。

窗檐的做法跟门一样，也是由两三层椽子挑出，承托檐口，可以防止雨水冲刷墙面。窗檐上悬挂着白色的布幔，微风吹过，布幔随风轻轻摇摆，像顾盼生辉的少女狡黠地眨着眼睛，使得碉房更有神韵。

窗户的外面，用黑色颜料画出一个梯形的框子，使得窗户的形状与碉房的外形相协调。这个黑框在藏语中称为"那孜"，传说是藏族

藏式窗户

|随风摇曳
的布幔|

先民受到牦牛角的启发而创造出来的，许多大门上也有那孜。黑色在藏文化中代表着驱鬼辟邪，从功能的角度讲，黑色的那孜还可以为碉房吸收更多的阳光。讲了这么多，也许你已经发现了，碉房窗户的装饰性很强。因此，一些大型建筑的外墙会做出许多假窗，使得墙面虚实结合，更加生动。

白色的石墙，红色的大门，黑色的窗边，形成强烈的色彩对比。五彩的经幡，袅袅升起的青烟，阵阵扑鼻的松香，充满了令人敬畏的神圣感，这就是藏族人世世代代生活的碉房。

碉房里的小天地

| 碉房里的小天地 |

欣赏完碉房的外观，接下来让我们一起进入碉房，看看里面的小天地吧。碉房的层高较低，每层净高约2.3米。这一方面是受到木材长度的限制，另一方面是游牧时代牛皮帐房低层高习惯的延续。

特殊的生活习惯和空间的限制，产生了与之相应尺寸的藏式家具。碉房室内的六个面全部安装木板，通常保持原木本色，不做粉刷，简朴大气。与搭配少而精、实用性强的藏式家具结合，形成了别有一番风味的室内风貌。

主室和经堂是碉房的主要空间。主室装修简单，但功能齐全，柱子和佛龛的装饰考究，精美华丽，这与主室的质朴风格形成了鲜明的对比。其他各室均比较简陋，陈设较少。

主 室

主室是碉房中最重要的一个房间，也是一个多功能的房间，布置着佛龛、火塘、床、炉灶、壁柜、矮桌等。

主室除了中心的木柱，多使用嵌入式的壁柜和壁架，为数不多的几样可移动家具都沿着墙面布置，充分利用边角空间，使室内的活动面积更加集中、宽敞。还记得前面章节中提到一间小小的主室能够容纳一百多人吗？现在你了解原因了吧！

佛龛

虔诚的藏族人在布置居室的时候，首先考虑的是佛龛的位置，然后才是起居。佛龛设在主室的醒目位置，通常布置在正对房门的墙上。佛龛也是木制的，形式与壁架相似，上面做成龛台，供奉佛像；下面安装壁柜，存放香贡。佛龛制作得非常精致，不仅有精美的雕刻，漂亮的彩绘，有的还会做贴金处理。佛龛的下方有时还会放一张条凳，铺上一种形似布袋，里面却填充青稞壳或獐子毛的卡垫，供人们念经、打坐用。

火塘

主室的正中间有一个一米多宽的正方形火塘，白天用来煮饭，晚上用于取暖、

主室的佛龛

照明。火塘的中间放置一个铁制三角锅架，正对火塘的屋顶通常开一个方口，装有通向房顶的烟道。火塘是日常起居的中心，一家人经常围坐在旁边，吃饭、聊天。火塘周围的座次非常讲究，不能随便坐卧。通常长辈坐在上方靠近佛龛的一侧，其他三面男左女右，按年龄大小，依次就座。

在藏族人的观念中，火塘代表着灶神，非常神圣，因此有许多禁忌。忌讳双腿伸直，禁止从火塘上方跨越或在上方挂放杂物，不能砍火塘周围的木架，严禁在火塘中烧不洁之物、向火塘方向扫地、向火塘中吐痰、背对灶塘而坐、在火塘里动土等。除了平日十分虔诚地祭祀灶神，逢年过节还要向火

塘内抛撒一些饭菜，烧香祈福，以求灶神保佑。盖新房时，要小心翼翼地搭建火塘；搬家时先将灶神请入新房，并在第一次生火煮肉时，舀一点儿撒入火塘，边撒边念祈祷词，以祭新灶。

床

藏床的特点，一是比较低矮，高30厘米左右，二是比较窄，多为单人床。

藏床的种类大致可以分

为三种。一种是榻式床，它的功能和造型都很像隋唐时期中原百姓使用的榻，上面铺设卡垫，前面放置藏桌，白天当坐具接待客人，晚上当卧具。

另一种是箱式床，有整箱式床和分箱式床两种。整箱式床的形状像有底没盖的大木箱，箱底贴地，四周围板高30厘米左右，有的两头围板还会略高一些。整箱式床还可以翻转使用，夏天睡背面，铺上一层薄薄的卡垫，舒适、凉爽；冬天睡箱内，铺上厚厚的羊毛毡，柔软、暖和。分箱式床更加有趣，由四个没有盖子的小木箱拼合而成，不用时可以拆开，变成凳子、桌子、木箱或拼合成架子，跟西方盛行的DIY家具有异曲同工之妙，

｜铺设卡垫的榻式床｜

而藏族人使用这种"DIY家具"的历史更久远。

最后一种是甘肃、青海一带的藏族人偏爱的连锅炕。连锅炕的炕洞与炉台底部相连通，中间隔以半米高的矮墙，生火做饭时，可以通过炕洞对炕体加热，室内温度也会因炕面热辐射而得到提高。这种一举两得的设计，体现了藏族人的智慧。

壁架和壁柜

主室的墙体上大面积安装壁架和壁柜，通常上半部分是壁架，下半部分为壁柜。富裕的家庭还在壁架、壁柜上雕刻一些花纹，有的还施以彩绘。藏族人酷爱的铜锅、铜罐、铜壶、铜盆、铜经轮等被擦拭得闪闪发光，整齐地摆放在壁架上。靠近火塘的壁架上还放着日常就餐用

| 连锅炕

的碗、碟、盘等。壁柜内一般存放粮食、衣物、日用杂物以及贵重物品。壁柜和壁架的储物功能强大，生活起居的一切物品都可以放入其中，使室内显得整齐。

| 壁架和壁柜

藏桌与条凳

藏桌一般为方形，有侧面带抽屉和不带抽屉的两种。藏桌边长约70厘米，高度与床平齐，常放置在卡垫床前，供书写、就餐、放置餐具等。因为藏桌的尺寸较小，所以常常将多个组合在一起使用。

藏族人喜欢坐在床上或者席地而坐。因此，在藏族人的家中很少看到椅、凳等坐具。只有一种我们前面提到过的条凳比较常见，它的外观与榻式床的造型很像，只是更窄一些。

藏柜

藏柜与其他的藏式家具一样，也比较低矮，一般存放衣物和粮食，或用于分隔室内空间。藏柜上常常摆放着用青稞、酥油和糌粑做成的供品——切玛。制作切玛需要使用一个长方形的木斗，中间以木板隔开，一边装满青稞，另一边装满拌好的糌粑和酥油，上面都插着染了色的青稞穗和其他带有吉祥寓意的装饰物。吉祥的

| 藏桌、条凳以及卡垫床 |

切玛代表着家庭和睦以及长者长寿，是藏族文化中一种重要的吉祥物。少数家庭还布置两个床头小柜，必要时可以拼成一张小方桌使用。

经　堂

经堂是藏族人最神圣的地方，外人是不能进去的！经堂一般不大，但装修得非常华丽，墙壁、天花板、门等部位都要经过精心雕刻，并绘制彩画或沥粉贴金，装饰图案多为"藏八宝"。经堂的后墙通常安装屋宇式佛龛，内供佛祖塑像、活佛照片等。佛龛的下面是壁柜，柜台上摆放着色泽鲜艳、做工精美的酥油花，通宵达旦亮着的酥油灯，擦得锃亮的转经筒，还要摆放一排七个或十四个铜制的净水碗。主人每天早上在净水碗中献上净水，一天结束时将净水倒入别的容器，然后抛洒在室外，供过往的动物或精灵食用，以示分享佛恩。佛龛两侧的墙上或做成壁柜，存放香贡、经卷、圣物、法器等，

或挂满了唐卡和高僧大德的相片。沿墙壁还放置有卡垫床，白天可以在上面念经，晚上在这里睡觉。

随着经济的不断发展，藏族同胞也逐渐用上了高压锅、塑料制品、玻璃制品等现代化家居用品。碉房的室内陈设也随之发生了一些变化，有了城市中的家电、家具，一些富裕的家庭甚至还用上了保险柜。但是，在挑选家具的时候，藏族人还是会选择与自己的生活习惯、民族文化和宗教信仰相符合的家具，所以不管怎么变化，碉房的室内仍具有鲜明的民族特征。

圣洁的经堂

载歌载舞盖碉房

| 载歌载舞盖碉房 |

藏族人把修建房屋看作是头等大事，从选址动工到建成搬迁的每一个环节都极为重视，也有许多的礼俗和禁忌。能歌善舞的藏族人在修建碉房时，常常一边劳作一边唱着动听的劳动歌，不仅使动作更加整齐划一，也使得繁重的劳动不那么枯燥，提高了工作效率。他们还在其中融入了一些简单的舞蹈动作，形成了极具观赏性的劳动场景。那么，一座碉房是如何盖起来的呢？

选 址

盖房子的第一件大事是选择一块吉祥的宅基地。地点要请寺院中专职堪舆的人选定，相当于风水先生。不但要查看山形走势、树木、水源、土质等地理因素，还要考察周围道路的走向，建筑物的朝向等人文环境，然后借助罗盘，寻找一块有利于生产、生活的吉祥之地。大门的朝向也要精心考量，要面对当地的神山或者风景秀丽的山，不能对着山口、大路或者怪石嶙峋的山。选址完成后，还要选定开工的吉祥方向和吉人。

择吉日

选好房址后还要选择开工的吉日。吉日由寺院中的占星师根据藏历进行选择。藏族的历算书——《白琉璃论》中记载，地底下住着一个神，它仰着身子与时间同步运行，动土时挖在它的腋下最好，其次为腹部。如果挖在头部或者尾部，便会激怒它，影响建筑的修建。因此，需要占星师根据专门的历算表格算出破土动工的吉日。

备　料

选好了时间和地点，下一步就是准备建筑材料。砍伐木料的时间一般选在七八月，此时期的木材含水率适中，不容易变形。砍伐前人们要向山神祈祷、献祭，以求得山神的允许。砍好的木料由亲戚朋友们一起帮忙，用牛或者人力拉到宅基地存放好，之后便可以等待开工的吉日了。拉木料时，为了使大家用力一致，藏族人会唱一种铿锵有力的拉木头号子：

领：噢，拉木头来，

合：噢！

领：背木头来，

合：噢！

领：背上去哎，

合：噢！

领：下去吧哎，

合：噢！

领：下去了哎，

合：噢！

领：抽烟去哎，

合：噢！

领：下来了哎，

合：噢！

领：喝水去哎，

合：噢！

领：歇会去哎，

合：噢！

破土仪式

藏族民间信奉土地神，他们认为不同方位居住着不同的土地神，不能随便动土，需要举行祭祀仪式，征求土地神的允许。

破土仪式非常隆重，由活佛或者高僧主持。首先，根据吉祥的方位摆上画有世间轮的唐卡，并向土地神献上切玛和其他供品，接着要煨桑净化，并向空中抛洒青稞酒。

此外，还要念诵经咒，恳请土地神同意在此处盖房子，并保佑施工顺利。如果建房的过程中出现了意外，比如在打墙时发生了坍塌，人们就认为是土地神没有同意而发出的警告，一定要再次诵经、祈祷。

祝祷完毕后，请来名字中带有"吉""善"等吉利字的一男一女，这两个人要五官端正，身体健康，上有父母下有子女。仪式主持人将十字镐和铁锹系上哈达，分别交给二人。先由男人用绘有金色交杵金刚图的十字镐开挖第一下，接着女人手持涂饰了白色图案的铁锹继续挖，二人各象征性地挖三下，便表示破土了。

开工仪式

破了土就表示可以开工了，但正式开始干活前，还要举行一个开工仪式。首先，

| 开工时举行净地的宗教仪式 |

| 盖房间隙人们一边休息一边聊天 |

房主要向工匠和参加仪式的乡邻献哈达、敬青稞酒，以表示感谢。然后在离地基有一段距离的显眼位置插一根木棍，挂上经幡或一幅晦涩难懂的图案。这么做的目的是吸引人们的注意力，使大家不会过多地关注新房，以阻止嫉妒或过度的赞美之辞。因为，在藏族人的观念里批评和过度的赞扬都不是好事。

开工仪式最重要的环节是在地基四角各挖一个坑，接着一边诵经祈祷，一边在坑内撒上青稞，然后放入一个干净的、没有裂缝的红色"地气宝瓶"。瓶内需要装入的东西有：五谷，象征着生活富足；五色绸缎，象征着经幡；代表一切药的五种

药材，寓意消除所有病痛；五种金银珠宝，祈祷生活富裕。埋宝瓶的目的有两个，一是养护地气，将财富和运气汇聚于此地；二是取悦神祇，以祈求风调雨顺，并保佑这座宅子永远福满安康。

仪式结束后，房主准备丰盛的美食款待宾朋，建筑正式开工。为了简化程序，有时开工仪式也和破土仪式合并在一起举行。

开挖房基

藏族人盖房子，全村的人都要来帮忙。力气小的妇女和孩子负责用背篓运送土石，男人和健壮些的妇女则负责打夯等力气活儿。

开挖房基是盖碉房的第一道工序，房基的深度由经验丰富的工匠根据土质的硬度、干湿程度以及房屋的高度决定，一般深度在 2 米左右。房基挖好后先铺设一层卵石，石块要均匀，不能过大，也不宜过小。之后填入草泥，用夯桩夯实后再铺设一层卵石。夯桩是一个两侧安装了把手的圆木桩，很沉，需要两个人一起抬着进行夯打。就这样，像夹心饼干一样，一层卵石、一层草泥，

| 全村人帮忙盖房的场景 |

直至与地面平齐，房基就打好了。打好基础后主人会在房基上画一个"卐"字，以保佑房基永固。

砌墙和打墙

青藏高原石材丰富，藏族人就地取材，用石材建造房屋外墙，在长期的实践中积累了精湛、独特的砌墙技艺。与中原地区传统的砌墙方式不同，砌筑碉房墙体时，脚手架需要搭在内侧，以保证内壁垂直。另一个独特之处是，石材都保持天然形状，不做过多加工。砌筑时一层个头稍大的石块叠压一层个头较小的片石，大小石块之间镶嵌碎石，以泥合缝。每砌好一层，都要夯实。砌好的墙体不仅光洁、平整，而且结构合理、抗震性好。藏族人还会将刻有佛像或吉祥符号的石块砌筑在墙体表面，并进行着色，这既是宗教信仰的表现，也是一种装饰手段。藏族石匠的技艺非

| 将刻有吉祥文字的石块砌筑在墙体表面并进行着色 |

| 砌墙 |

常高超，砌墙时不用拉垂直
线，砌筑成的墙体也能保持
垂直，真是太不可思议了！

为了使墙体的基础更加
坚实稳固，在铺垫石墙的基
础部分时，人们会反复地向
墙基砸石块，每次砸之前，
都要唱一段歌谣。就这样，
在循环往复的动作和歌唱中，
坚固的墙基就打好了。歌谣
的唱词也非常丰富、有趣：

　　神圣更堆洛桑扎巴，
　　神圣者来到前天空，
　　打墙打得越来越好。

圣中心日月狮宝座，
念它消除一切烦恼，
打墙打得越来越好。

圣与赫鲁嘎无区别，
祈恩重的本尊活佛，
打墙打得越来越好。

无量的三密宗佛祖，
祈祷消除懒惰嫉妒，
打墙打得越来越好。

外广阔的三千世界，
祈祷所有神龙人们，

打墙

打墙打得越来越好。

那周围的大小石头，
好像左旋的白海螺，
打墙打得越来越好。
那些健壮彪悍的人，
需要多少由他掌握，
打墙打得越来越好。
……

夯土外墙在黄土资源丰富的藏族地区也很普遍，它的制作方法有多种，但最常用的是"箱形夯筑法"。首先，在墙基两侧各立两根木杆，

| 打好的墙上有层层夯打的痕迹 |

并固定若干与墙体厚度一致的横木，然后用两块夯板分立两边，剩下的两个面用挡土板封口，最后用绳子固定好，这样一个箱形的模板就制作好了。

接下来，便是往箱体内填土夯筑了。每次填入20厘米左右高的土，用夯杵反复夯打，夯实后再继续填土。每夯筑好一层，就将箱体上移，继续填土夯筑，周而复始。因此，我们在筑好的墙体上可以清晰地看到一层层夯打的痕迹。

众人一边打墙，一边齐声歌唱打墙歌，歌声旋律悠扬，响彻整个村庄：

四方石头来做基石，
世世代代不会动摇；
像金翅般的筑墙架，
不用垒砌自然升高。

竖立起的筑墙木桩，
好像神前摆的供香；
墙心中的横木架子，
像小鸟群降落墙上。

像招运盆的打墙处，
在神前摆着招运盆；
藏北有黏性的黄土，
不用夯打装就行了。

像霹雳般的夯木槌，
不用夯打握住就行。
打夯壮士们像雄鹰，
鹰群从天降落大地。

打夯人像灰色雄鹰，
灰雄鹰向右旋又旋；
打夯壮士像猛虎群，
猛虎群向上跳又跳。

早晨从东方夯打墙，
从东方金刚佛前打；

下午从西方夯打墙，
从西方无量佛前打。

运土的好像蚂蚁群，
蚂蚁群快要断腰了；
在土坑里的老黄土，
老黄土很快要动了。

请快快地运来土吧，
请快快地夯打墙吧；
打啊打啊夯打黄墙，
夯打一壁小石子墙。

打啊打啊夯打黄墙，
打一壁岩石城堡墙；
这壁墙绝不会歪斜，
打墙师傅是三祖佛。

打完的墙壁很整齐，
楼下的马可以牵来；
若马不肥壮不能装，
若人不聪明不能进。

做木工活

外墙砌筑好后，就该搭内部的木框架了。木匠来做活的第一天也要请一位"吉人"来锯木头，而且必须是男子。过去藏族地区懂木工的人比较少，木料一般只做粗加工，现在越来越多的人掌握了木工技艺，因此房子也越来越精致了。也有很多家庭请来技艺精湛的汉族木工师傅帮忙修建。木工师傅用他们灵巧的双手，通过锯、刨、凿等技术手法，将碉房的梁、柱、檩条、橼子、弓木等主要构件加工好，并做出它们之间相互连接的榫卯。所有的木构件都做成后，就可以等待吉日举行立柱仪式了。

|木工师傅通过锯、刨、凿等技术手法，将碉房的主要构件加工好|

立柱仪式

"立柱"顾名思义是将柱子立起来，但实际上是指将整个木结构搭建起来，它标志着房屋的落成。因此，立柱仪式非常隆重，全村的男人都要来帮忙，所有的亲戚都要参加。立柱是最考验木匠技术的一个环节，也是危险性最高的一项工作。

立柱前木匠们先在地上将做好的柱子、梁架等木构件连接在一起，仔细地检查它们之间是否能够卯合。然后将每一排柱子前后连接好，一些人在前面用绳子拉，另一些人在后面用木杆推，慢慢地将由柱子、托木和梁组成的一组结构立起来。立好后检查它们是否平稳，接

着用同样的方法，一排一排地将整个屋架全部立起来。整个过程在木匠首领的指挥下进行，众人边拉边喊口号，围观的群众看得惊心动魄，为他们担心不已。

立柱前房主还要在柱础下放置一个装有五谷和一些金银珠宝的小袋子。立起来后，还要在柱与梁的结合处压放五色绸缎，在横梁上面撒一些青稞，并给每根柱子挂上哈达。这些象征着吉祥的物品，寄托了主人对美好、富足生活的向往。

仪式的最后一项是房主献上"柱酒"酬谢大家。这是整个立柱仪式中最欢乐的环节，所有人都没有了立柱

时的紧张情绪，大家围成圆圈席地而坐。房主捧出自家酿的青稞酒，宾客中年纪最长的男人代表众人献上祝词，还要有人唱赞歌，祝贺房主新房落成：

昨日时辰吉祥，

今日时辰绝佳，

明日时辰美好，

年月日时皆圆满。

主人家的房基，

是坚实的宝地。

上有吉祥法轮的顺转纹，

是汇聚红运的福地；

背依莲花型的台阶，

是仙果堆集的地方；

还有玉石一般的祥门，

自然吉祥如意。

主人家富有的灶屋，

洁白的鲜奶溢满桶；

铁铜修成的大门内，

甘霖的泉水不停流。

家族繁荣自昌盛，

吉祥的太阳放光彩，

红运不断到家来，

良辰昼夜来祝福。

喝完柱酒，房主端出丰盛的饭菜款待大家，还要发给工匠们除工钱以外的额外酬劳，称为"利是"。村里各家的女人们也拿着青稞酒和吉祥馍前来祝贺。大家一起唱歌、跳舞，狂欢到深夜，共享这份喜悦。

上梁仪式

与汉族地区接壤的藏区，受到汉族文化的影响，还要举行隆重的上梁仪式。上梁的吉日和吉时都需要事先选定，吉日当天，房主需要早起煨桑、点上酥油灯和祭祀神明。然后由木工的首领——掌尺，在大梁的中心凿一个小槽，放入一些金银珠宝、五谷、茶叶和一小片高僧大德的衣物，再将取下的木块装回，用发面或酥油蜡封口。外面用一块画有十字金刚图

|开槽：掌尺在梁的中部凿出一个小槽|

|放宝：放入金银珠宝、五谷、茶叶等|

的红布或黄布呈菱形包裹起来，并系上一条哈达。

吉时一到，掌尺腰中别着斧子，率先登上屋架。接着两个木匠开始将梁缓缓地往上拉，一边拉一边装作拉不动的样子，惹得众人哈哈大笑。梁拉上去后，木匠开始敲敲打打地安装。掌尺则骑坐在旁边的梁上，用斧头

|封口：用发面封口并撒上青稞|

背敲击中梁三下，边敲边说吉利话："木狼木狼坐在此堂，二十八宿稳坐中央。"说完便起身向人群中抛撒糖果、核桃和红枣。这些物品代表着福分与喜气，能给人们带来好运，所以男女老少一起喧闹着哄抢起来，说笑声、叫嚷声和斧头敲敲打打的声音混杂在一起，好不热闹。跟其他仪式比起来，上梁仪式更像是一次欢聚的盛会，为人们平淡的生活增添了许多乐趣。

做屋顶

大木框架立起来后就该给碉房加盖屋顶了。首先在

|打磨|

铺好的椽子上面铺一层木板或劈成两半的树枝，称为"劈柴"。接着在劈柴上密铺一层细树枝和一层片石。最后在此基础上再加铺一层房泥。房泥的铺设非常具有地域特色，做法是先铺一层草泥，再铺一层生土，最上面是"阿嘎土"做的防水层。

阿嘎土是高原温带半干旱灌丛草原植被下形成的一种土壤，主要分布在西藏雅鲁藏布江中游的谷地，常见

于阳光充足的土山上，是天然的防水材料，西藏地区的传统建筑均用它铺设屋顶。阿嘎土用一种叫"保夯"（底部有一个圆形石盘的长木棍）的工具分两层夯实，底层颗粒较大，上层颗粒较小。夯实后用表面平滑的石头进行打磨，最后用榆树皮熬成的黏稠汁液涂抹表面，晒干后再刷上一层清油作为保护层。做好的屋顶坚固、光滑、平整，而且防水性特别好，可以与大理石相媲美！

阿嘎土屋顶的铺设过程称为"打阿嘎"，一般分男组和女组，每组15个人左右，一边唱着阿嘎歌，一边用脚踩踏或者用保夯夯打。歌声悠扬，步调统一，节奏感强。

男组和女组有时面对面夯打，有时背靠背夯打。队形变化多端，时而变成四行，时而聚集成两行；时而组成方形，时而围成圆圈，时而又排成长龙。目的是将屋顶的每一个位置都打好、夯实，不留死角。他们一只手握着保夯，有节奏地夯打着地面；另一只手高高举起，和着节奏摇摆、旋转，以保持平衡；双脚跟随着歌声有力地踩踏着地面，时快时慢，时进时退。在铿锵有力的歌声、震耳欲聋的击打声和整齐划一的踩踏声中，屋顶被夯打得又平整又结实。

打阿嘎往往要持续很长时间，小的民居需要十几天，

打阿嘎

大的寺庙则要三五个月。此时的屋顶变成了舞台，每位劳动者都是歌舞剧演员，给观看的人带来别样的视听享受和巨大的心灵震撼，看过的人无一不被深深地感动。为防止雨季到来时房顶渗漏，每年春末夏初，西藏地区所有的传统建筑都会重新铺设阿嘎土。因此，许多人会选择这个时期到西藏去，只为领略打阿嘎的风采。

阿嘎歌，也叫"阿谐"，源于古老的劳动号子，不但曲调优美动听，歌词也非常丰富。既有流传下来的传统歌词，也有人们即兴创作的内容。有描绘景物的，也有描述生活趣事的，还有抒发感情的，例如《大蒜歌》《白色帐篷之歌》《诺桑王子的歌》等等。让我们一起来欣赏一首《建房五指歌》，感受一下阿嘎歌的魅力：

（领唱）一、二、三……

（合唱）

大拇指是戴象牙扳指的，
向敌人拉弓射箭的地方；
食指是戴红牛皮顶针的，
拈来汉地的金丝和银线，
缝出密密针脚如同珠串。
白云般的纸上写汉藏文，
发亮的自己散发发墨香；
中指是戴钻石金戒指的，
招摇过市炫耀家业兴旺；
无名指是祭祀天神用的，
祈祷上天诸神赐福穷人。
小指是捧青稞豌豆用的，
不然哪谈得上生活享受。
假如五指合拢一起的话，
请你看看力量有多大……
大山可以捧上高高天空，
再往八瓣莲花地上摔打，
能把巨大山岩摔成石块，

54

再把众多岩石垒成房子。
细碎白色阿嘎撒在房顶，
可用保夯砸得平平展展。

在院子里铺上绿色石板，
光洁新房谁也看不厌。
到此五指功能说完。

封顶、竣工、乔迁仪式

当房屋快竣工时，工匠会留出一小块屋顶不填土，举行封顶仪式。届时，亲戚朋友都会来，象征性地填上一些土，表示参加了房屋的修建。这天是工匠们最开心的日子，不仅房主要给他们提供美酒佳肴、发放利是，亲朋好友们还要给他们献上哈达，感谢他们为房主修建了这么好的房屋。有时封顶仪式也与竣工仪式一起举行。

竣工仪式的主要目的是通过念诵经文，为建筑开光，使施工过程中留下的不洁、不敬的行为通过开光净化掉。开过光的碉房拥有了神圣的生命，至此，整个营建算是完成了。但是，碉房盖好后还不能马上入住，要举行乔迁仪式。

吉日当天的早晨，房主先在新房内摆上汤东杰布的塑像或者唐卡。汤东杰布是西藏的一位传奇人物，他不仅懂建筑、冶金，擅长艺术创作，还是一名得道高僧。他因拓展了藏戏艺术，被尊为戏神。汤东杰布在世期间，为藏族人民修建了58座铁索桥，解除了渡河之灾。因此，在他去世后，人们总会在乔迁新居时摆上他的塑像，以这种独特的方式缅怀他。

然后，房主要将一桶净水和一筐牛粪饼送进新家的灶房，作为供奉灶神的物品，表示把一家之主的灶神第一个请入新家。水必须是雪山融化后的圣洁之水，牛粪饼必须保持完好的形状，而且须是牛上一年排出，经过一个夏天雨淋、日晒之后发白了的。之后，还要将吉祥的切玛也摆入新房，并将五色

藏族民居

经幡插入房顶的经幡座上。这些工作都做完之后，全家人一起煨桑、祝祷，并向诸神献上青稞酒。

此时，亲朋好友陆陆续续地带着各自的礼物前来祝贺。大家进门后，边道"扎西德勒"，边向主人献上哈达。所有宾朋都落座后，房主以美食盛情款待。人们尽情地饮酒狂欢、载歌载舞，玩一个通宵达旦，好不快活！

碉房的营建过程充满了浓郁的藏族文化气息，从中不仅可以看到藏族工匠精湛的营造技艺，也可以看出藏族同胞团结互助的民族精神，以及人与人之间醇厚的感情。

藏寨与风格多样的藏式民居

| 藏寨与风格多样的藏式民居 |

藏族人广泛地分布在我国的西藏、青海、四川、云南、甘肃等地，根据方言划分为卫藏、康巴和安多三大藏区。以拉萨为中心向西辐射的高原大部叫作"卫藏"，是藏族的政治、宗教、经济和文化中心；念青唐古拉山脉以北的藏北、青海、甘南和川西北叫作"安多"，自然环境以草原为主；"康巴"

藏区位于横断山区的大山大河夹峙之中，包括川西的甘孜州、阿坝州，西藏的昌都地区、云南的迪庆地区和青海的玉树等地区。由于自然条件、生产方式的差异，不同的地区形成了风格多样的民居类型。那么藏族人是如何在这些地方定居下来的？这些地方又有哪些独特的民居形式呢？

藏　寨

藏族人既有聚集在一处的村寨，也有散居的牧点。他们选择聚居地的方式主要有三种：一是围寺而居，二是围宗山而居，三是根据自

然条件选址。

藏族的许多城镇都是围绕着寺庙发展起来的。凡是有寺院的地方，必然会形成聚落，而且寺院历史越悠久、

江孜古城围绕寺院向周围发展

拉萨古城鸟瞰图

围绕宗山发展起来的日喀则古城

规模越大，其周围村落的规模也越庞大。村寨的布局，通常以寺庙为中心向周围发散，形成"围寺而居"的格局。例如，拉萨古城是围绕着大昭寺发展起来的，拉卜楞镇是围绕拉卜楞寺发展起来的。

藏族城镇的另一种类型是围绕宗山形成的。山脚下形成簇拥和围绕着宗山而修建的民居，通常在半山腰或城镇的一隅还建有寺庙，这种布局最典型的实例是日喀则古城。

第三种常见的村寨是活佛根据自然条件选址而落成的。村寨的选址非常讲究，通常选在一个风景秀丽、能聚人气的福地。选址的第一步是活佛相地。在一个天气晴好的吉日，活佛煨桑敬过土地神和周围的山神后，从不同的地点，脱帽观察天象和地势。根据藏族"环山抱水，朝阳避风"的地望观念，村后要有靠背山，山体必须是岩壁，否则容易出现滑坡；前方要有连绵不断的山脉，称为"子孙山"；村前要有从西往东流的河水；附近还要有长流不断的泉水。相好地后，抓一把土晒干，称其重量，验其硬度，只有硬度和重量都达标的土地才适合居住。此外，还要有利于生产、生活，村子应尽量邻近耕地。也有一些村寨为了防止匪患建在半山腰。

|环山抱水的川西藏寨|

|建在半山腰的甘南藏寨|

藏族村寨的选址依据，既包含了宗教仪礼，又受藏族传统文化的影响，还具有一定的科学原理，是藏族人世世代代生活经验的总结。

牛毛帐房

帐房是牧区的藏族人游牧时的居所。每年春天，牧民们赶着牦牛和藏羊离开冬季的临时居所——冬窝子，开始了逐水草而居的游牧生活。帐房就是为了适应这种古老的流动性生产、生活方式，而产生的一种易于拆卸和搬迁的简易住房。藏族先民受自然环境的限制，在远古时代就发明了用兽皮和兽毛缝制的帐房。

牛毛帐房呈黑褐色，是用牦牛身上最粗的那部分毛捻成线，编织成宽约30厘米、长2米左右的"粗氆氇"，再一片一片地拼缝而成。它的质地厚重，防风、防寒、防雨和防晒的性能都很好，而且耐磨、耐熏、耐用。帐

房内部高约2米，使用面积约30平方米，一般可以住7个人左右。与蒙古包和新疆毡房的圆形平面不同，牛毛帐房的平面是长方形的。根据民间的说法，它的形状是模仿乌龟，象征着土地神。

帐房的选址很重要。草场肥美，有干净的水源，周围有高低适中可以挡风、防寒的背山，这是扎营的基本要求。如果南面有丘，东边

|牛毛帐房|

有坝，西边和北边有大山，牧民称其为"驻地四护"，这是最佳的营地。

牛毛帐房由房顶、帐壁、横杆、撑杆、木橛子等部分构成。搭建时，先将帐房顶部的四角用大约8米长的牛毛绳拉向远处，系于钉入地下的木橛子（小木桩）上。接着在帐房内部用两根撑杆支撑起一根横杆撑出房顶。然后，将帐房外部用上下两层牛毛绳向外拉张，固定于四周的木橛子上，并用低于帐顶的木杆将上层的绳子支撑起来，以形成宽敞的内部空间。最后，将帐房底部的若干小绳扣用木橛子钉入地下。就这样，短短的几十分钟就能支起一顶帐房。

帐房顶部的中间位置有一片可以活动的氆氇片作为天窗，供通风、采光。为防止风雨灌入，帐内四周用卵石和草泥砌出高约50厘米的矮墙，上面放有青稞、酥油和作燃料用的牛粪饼；有的还在帐房外用牛粪砖围成1米多高的挡风墙。帐门一般朝东，多由左右帐壁合拢重叠而成，其中一端始终固定，上方挂有经幡。

帐房的室内陈设非常简单，中间没有分隔，一家人共居其中，在地上铺卡垫或兽皮，席地而坐、席地而卧。帐房的南侧为"女人帐"，是以女主人为首的女性家庭成员的领地，一般放置食物和日常用品。北面为"男人帐"，是男主人的活动和待客空间。帐房正中为火塘，后面是木箱或木柜搭成的佛台。毛皮、衣物、粮食等杂物放置在帐房的角落。

牧民认为一个帐房代表一个家庭。一对年轻人结婚时，双方的家庭就要为他们搭建一顶帐房，称为"绷帐房"。绷帐房前，要先选地、念经，接着新郎的家人撑起男人帐，新娘的家人撑起女人帐，然后合二为一。一顶帐房绷成，表示一个独立的家庭诞生了。

当牛羊把驻地的草吃得差不多的时候，牧民便要转换草场了，称为"辗厂"。每次辗厂前都要念经祈祷，以求菩萨保佑下一处草场水草充盈、牛羊肥硕。牧民离开营地时，会在灶中留下一把火，扔一把糌粑进去，作为对灶神最后的供奉。他们认为如果火中的糌粑冒出烟

| 牛毛帐房的内部结构示意图 |

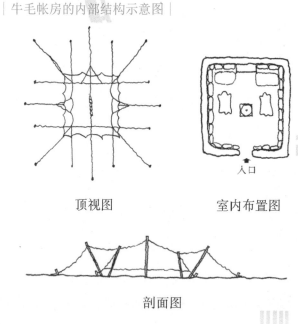

入口

顶视图　　　　　室内布置图

剖面图

来，那是吉祥之兆，预示着下一处的营地条件很好。

放牧时留在草场的牛羊粪便，除少数被捡走当作燃料外，大部分留在原野中，经过雨水的冲刷和积雪的消融，滋养着大地，这样牛羊年年都能吃上新鲜的青草。牧民、牛羊和草场互相养育着，形成了和谐的生态链。

冬窝子

冬窝子是牧民抵御冬季严寒的临时居住点。因此，它规模较小，保温性较好，比起正规的农牧区民居，其建筑形式和内部陈设都要简单许多。冬窝子的选址与帐房一样，通常建在水草肥美、避风向阳的坡地上，是半地穴式住宅，只有一层。

冬窝子的建造很简单，首先，要将坡地斜面挖出一块较为平整的地面和一面山墙，其他三面山墙用草泥夯筑而成。然后，在向阳的一面山墙上开门，其他两面开个小窗。最后，房顶搭椽子，覆以树枝、劈柴、麦草等，再用胶泥抹平。为适应多雨雪的气候，屋顶需要有一定的倾斜度，每隔一年还要用泥土修补一次，以免漏雨。

冬窝子的内部陈设和帐房类似，也有的将内部分隔成两个房间，分别做日常起居的正房和储物的侧房。正房有暖和的连锅炕，不与大门直接相对，以免冷风直入；侧房堆放燃料、草料及牧业用具等杂物，整体布置既简单又紧凑。

木楞房

生活在林区的藏族人，由于木材资源丰富便用木头盖起了房子，叫作"木楞房"或"板屋"。木楞房采用梁柱承重的木结构体系，墙体不承重，只起外部的保暖、围护作用和内部分割空间的作用，又因降雨量大而采用坡屋顶。

林区的藏寨多建在山脚下、河岸边的小块平坝上或半山腰，由于空间限制，院落通常比较局促。首先，用生土夯筑成三面封闭，一面开门的土围墙，形成庄廓，然后在内部用松木搭建起两层的房屋。两层的木楞房通常一层为藏式的平屋顶，用

|木楞房鸟瞰图|

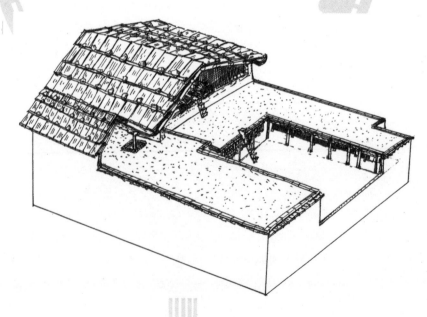

来住人，二层为"人"字形屋顶的"榻板房"，用于存放粮草、杂物等。

木楞房的墙体为井干式做法：将原木去皮，上下各削出一个平面，转角处以十字形上下咬接，层层垒叠，形成房屋壁体，因俯视像"井"字而得名。一些木楞房将室内原木的曲面削去，上下原木之间仅留一道凹槽，有的甚至将室内墙面完全做成一个平面，其内部陈设与碉房无异。

木楞房最大的特色是二层的榻板房，因屋顶不用瓦，而用"榻板"而得名。榻板其实就是长约1米，宽约15厘米的松木板，将它们沿垂直于屋脊的方向一块压一块地错缝叠放，这样做可以防止雨水渗漏。通常一面坡摆放3至4排榻板，每排榻板叠放3至4层。下雨时，雨水顺着榻板一层层地流下，然后从檐口处横置的松木水槽排出。

为了防止榻板被太阳长时间照射而发生扭曲变形，影响其使用寿命，聪明的藏族人每年都会将榻板翻一次面。因此，榻板没有固定在房顶上，而是在每排榻板上压一根横木，并放置几块大石头压住。

水磨房

藏族人的主食不是米饭、馒头，也不是面条，而是糌粑，它是由炒熟的青稞磨成的粉末。水磨房就是专门用来磨青稞的建筑。在藏区，无论是江河、溪水还是水渠上都随处可见大大小小的水磨房，房顶飞舞着五色经幡，很远便能听到"嗒，嗒，嗒"的磨面声。

盖水磨房时，通常先在水流边，挖一个有进出口的大坑，坑边用条石砌好。坑的中心竖一根带叶轮的轴，轴的上方穿过水磨房的地板，安装上、下两盘石磨。水流通过木水槽引入坑中，冲刷叶轮，带动轴承旋转，牵动石磨转动。石磨上方挂着一个装粮食的漏斗，多为牛皮缝制，用四根绳子吊起来。斗口很小，正对磨眼，内插一根筷子大小的木棍，露出一截，与上扇磨相接。工作时，上扇磨转动，磨眼

水磨房

中的小木棍随之旋转，将青稞粒抖入磨眼，下扇磨固定不动。就这样，雪白、清香的糌粑被磨出来了。

藏区各地的水磨房大致相同，有的用石块砌筑，有的是用木材搭建的板屋。有的漏斗采用牛皮或毪毺缝制，也有的用竹篾编织而成。规模也大小不一，小型的水磨房只有一台水磨，大的有十几台。

磨青稞本来是一个既慢又琐碎的活，自从勤劳而智慧的藏族人发明了水磨，就变得轻松多了。水磨可以昼夜不间断地工作，一台水磨一天一夜能加工三百斤青稞，既节省了人力物力，又非常环保。人们将青稞放入漏斗后，往往就忙别的事去了，大家或聚在磨坊口喝酒、聊

天，玩玩藏牌之类的小游戏，或独自捻毛线打发时间。闲暇之时进去看看，该添则添，该收则收，工作娱乐两不误。可以说，水磨房不仅是藏族

| 皮质漏斗 |

| 水磨房 |

人重要的生产性用房，也成了他们聚会、休闲的公共活动场所。

无论是碉房、帐房、冬窝子、木楞房还是水磨房，都是藏族人适应自然、合理利用自然的产物，反映了藏族人与自然和谐相处的朴素生态观。这难道不正是我们不断强调节能、绿色、生态和环保的今天所需要的吗？

朋友们，现在碉房对你来说应该不那么陌生、神秘了吧？你有没有被美丽的碉房、深厚的藏族文化和可爱的藏族同胞所吸引呢？如果有，那么请你到这片美丽的土地去看看吧！去看看你眼中的碉房和我的描述是不是一样的。

藏族村落

图书在版编目（ＣＩＰ）数据

藏族碉房 / 李晶晶编著 ； 刘托本辑主编. —— 哈尔滨 ： 黑龙江少年儿童出版社，2020.2（2021.8重印）
（记住乡愁 ： 留给孩子们的中国民俗文化 / 刘魁立主编. 第八辑，传统营造辑）
ISBN 978-7-5319-6478-0

Ⅰ．①藏… Ⅱ．①李… ②刘… Ⅲ．①藏族－民族建筑－建筑艺术－中国－青少年读物 Ⅳ．①TU-092.814

中国版本图书馆CIP数据核字(2019)第294034号

记住乡愁——留给孩子们的中国民俗文化 　　　　　　　刘魁立◎主编
第八辑 传统营造辑 　　　　　　　　　　　　　　　　刘　托◎本辑主编
藏族碉房 ZANGZU DIAOFANG 　　　　　　　　　李晶晶◎编著

出 版 人：商　亮
项目策划：张立新　刘伟波
项目统筹：华　汉
责任编辑：刘金雨
整体设计：文思天纵
责任印制：李　妍　王　刚
出版发行：黑龙江少年儿童出版社
　　　　　（黑龙江省哈尔滨市南岗区宣庆小区8号楼 150090）
网　　址：www.lsbook.com.cn
经　　销：全国新华书店
印　　装：北京一鑫印务有限责任公司
开　　本：787 mm×1092 mm　1/16
印　　张：5
字　　数：50千
书　　号：ISBN 978-7-5319-6478-0
版　　次：2020年2月第1版
印　　次：2021年8月第2次印刷
定　　价：35.00元